MANUEL

DE

L'AMATEUR DE FROMAGES

ET DE BEURRE,

OU

L'ART DE PRÉPARER A PEU DE FRAIS

TOUTES LES ESPÈCES DE FROMAGES CONNUES SOIT
EN FRANCE, SOIT DANS LES PAYS ÉTRANGERS;

PAR M. L. CLERC, F. D. M. N.

DEUXIÈME ÉDITION.

Paris,

CHEZ L'ÉDITEUR,

A LA LIBRAIRIE FRANÇAISE ET ÉTRANGÈRE,

Palais-Royal, Galerie de Pierre, n. 185-186.

au coin du Passage Valois.

1828.

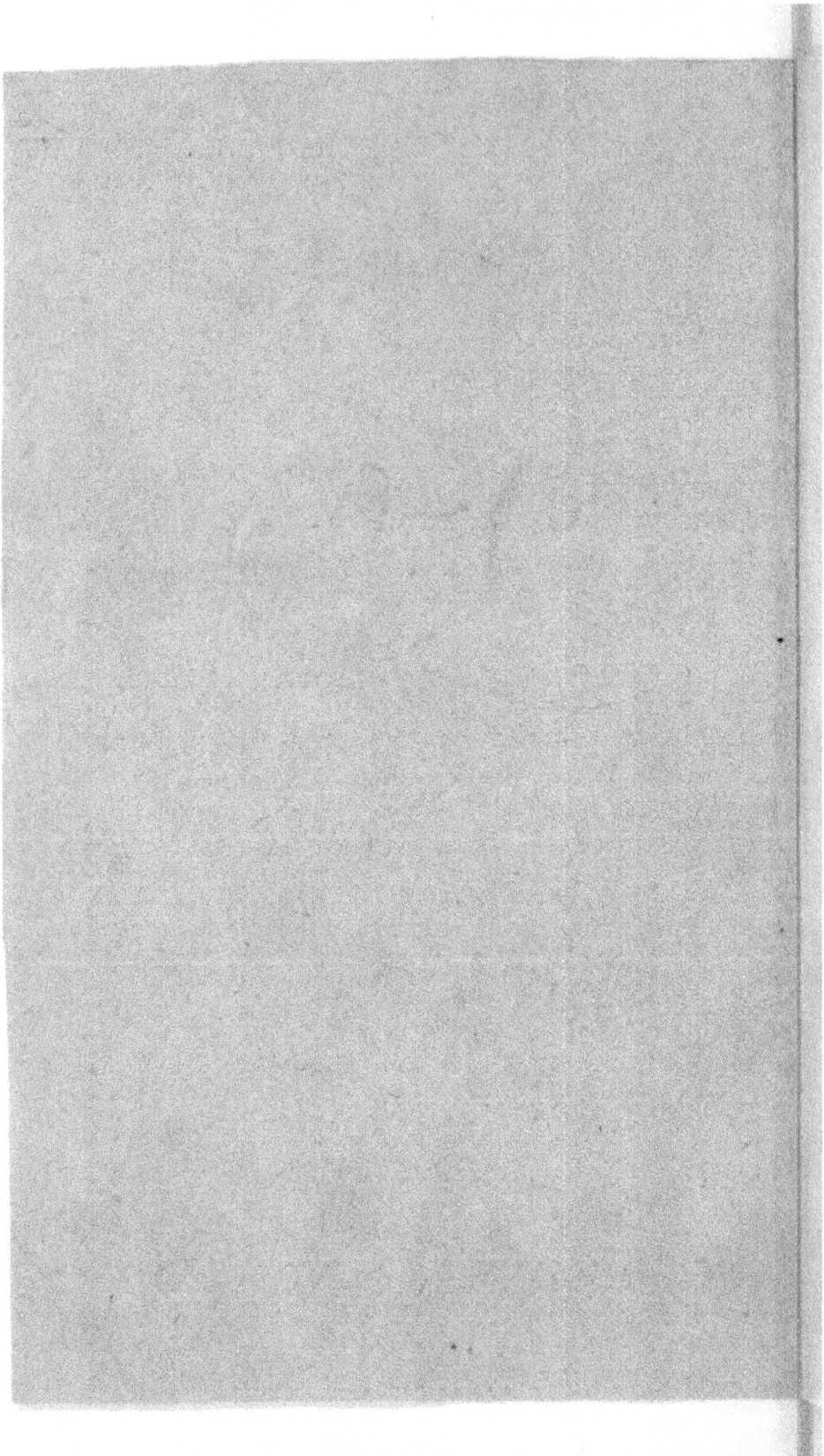

MANUEL

DE

L'AMATEUR DE FROMAGES

ET DE BEURRE.

Metz.—Imp. d'E. Hadamard.

MANUEL

DE

L'AMATEUR DE FROMAGES

ET DE BEURRE,

OU

L'ART DE PRÉPARER A PEU DE FRAIS

TOUTES LES ESPÈCES DE FROMAGES CONNUES SOIT EN
FRANCE, SOIT DANS LES PAYS ÉTRANGERS ;

> Le fromage est pour l'habitant de la
> campagne, ce que sont les mets les plus
> succulens pour les citadins aisés.

PAR M. L. CLERC, F. D. M. N.

Paris,

CHEZ L'ÉDITEUR,

A LA LIBRAIRIE FRANÇAISE ET ÉTRANGÈRE,
Palais-Royal, Galerie de Pierre, n. 185—186,
au coin du Passage Valois.

1828,

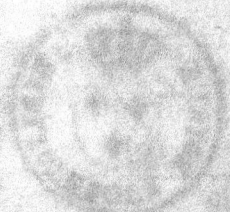

MANUEL

DE

L'AMATEUR DE FROMAGES.

PREMIÈRE PARTIE.

Fabrication du fromage en général.

DÉFINITION. — Le fromage est la partie caseuse du lait qui, privée de son eau surabondante, sert à la nourriture de l'homme. Toute espèce de lait fait du fromage, mais on n'emploie ordinairement pour cet effet que celui de vache, de chèvre et de brébis.

1.

La fabrication du fromage se réduit à quatre points principaux ; 1°. à faire cailler le lait ; 2°. à séparer le serum ; 3°. à saler le caillé ; 4°. à l'affiner.

Des substances propres à cailler le lait.

Toutes les substances qui contiennent un acide bien caractérisé et développé sont susceptibles de faire cailler le lait, mais cependant pas toutes au même degré de perfection Les végétaux fournissent, pour faire cailler le lait, les fleurs de deux espèces de plantes jaunes et blanches , nommées *caille lait* ; les fleurs des cardons , soit sauvages , soit cultivés , des artichauts et peut-être celles de toutes les plantes cinarocéphales, etc., les vinaigres qui ont subi la fermentation alcoholique , ainsi que la crème de tartre , sel essentiel du vin et du sarment. Je ne crois pas que, dans les fleurs des plantes que je viens de citer , l'acidité tienne directement à la plante, mais plutôt à la partie mielleuse , continue dans les nectaires rendue acide par l'excrétion de la fleur , et développée ensuite par son immersion dans le lait.

Le règne minéral donne des acides, mais leur emploi est toujours dangereux.

Le règne minéral offre des secours plus à la portée des cultivateurs, parce qu'ils sont, dans tous les tems , sous les mains. Les veaux , les agneaux les chèvres fournissent la présure lorsqu'on les tue avant qu'ils aient pris une autre nourriture que celle du lait de leur mère , et elle se conserve pendant des années entières.

La caillette ou dernier estomac des veaux, des agneaux renferme un lait qui s'aigrit et se caille. Ce lait est la présure : plus on la garde et meilleure elle est, parce qu'elle s'aigrit de plus en plus, ou autrement devient acide. Pour la préparer, on ouvre la caillette, on en détache les grumeaux, on les lave dans l'eau fraîche et on les essuye dans un linge bien blanc ; et après les avoir salé convenablement, on met le tout dans la caillette, qu'on suspend au plancher pour la faire sécher et s'en servir au besoin.

Du caillé.

Lorsqu'on veut faire cailler le lait pour en faire du fromage, on prend une quantité de présure proportionnée à celle du lait. Il en est ainsi des fleurs, de la crême de tartre, du vinaigre, etc. Il n'est pas possible de fixer la quantité de ces substances, puisqu'elle dépend du plus ou moins d'acide qu'elles contiennent et encore de la quantité de lait; l'expérience seule est capable d'instruire. Cependant on peut dire, en général qu'une demi-drachme de présure, une bonne pincée de fleurs de caille-lait ou de cardon, etc., suffisent pour une pinte de lait. S'il est écrêmé, il se caille beaucoup plus vîte que lorsqu'il ne l'est pas : il en est ainsi du lait froid comparé à celui qu'on vient de traire. La même chose arrive dans la rigueur de l'hiver, ce qui engage le fromager ou la fromagère à mettre le vase qui le renferme dans un bain-marie, ou à le tenir dans un lieu chaud d'environ

dix degrés du thermomètre de Réaumur.

Lorsque le lait est suffisamment
pris, on le laisse reposer plus ou moins
long-tems suivant la saison, afin que
le serum dispersé dans la masse du
caillé se rassemble et puisse en être
séparé en inclinant doucemeut le vase.

Le caillé étant débarrassé d'une
partie de sa sérosité, on l'enlève avec
une cuillère de bois percée de trous
et on le distribue par portions dans des
éclisses d'osier, à travers lesquelles le
petit-lait s'écoule librement en prenant
la forme du moule qui le contient ; insensiblement le caillé s'essuie et acquiert assez de consistance pour se
détacher facilement et être renversé
sans dessus dessous dans des éclisses
également percées de trous de toutes
parts ; il y reste à peu près le même

espace de tems. De ces éclisses dé-
pendent la forme et le volume qu'on
veut donner aux fromages.

Quand le caillé est suffisamment
essuyé et qu'il a acquis la consistance
convenable de fromage en forme, on
le sépare de l'éclisse. Pour cet effet, on le
renverse sur des tablettes ou des clayons
à jour couverts de paille. On entoure
communément ces clayons d'une toile
forte et à tissu lâche, non-seulement
pour laisser un libre courant à l'air,
et par conséquent à l'évaporation de
l'humidité surabondante , mais encore afin de le garantir des mouches
qui accourent de toutes parts, allèchées
par l'odeur du gaz vineux qui s'ex-
hale au loin.

Salure du caillé.

Préparé comme je viens de le dire, le caillé s'altérerait bientôt si l'on ne se hâtait d'y ajouter un condiment. Celui dont on a recours ordinairement est le muriate de soude (sel marin) ; mais il faut toujours l'employer avec modération et dans un état sec, pour faciliter sa dissolution et sa pénétration insensibles dans toutes les parties du caillé. La quantité qu'il convient d'en mettre ne saurait être déterminée que par l'expérience et l'habitude journalière.

Lorsque le caillé a la consistance réquise, on entoure sa surface et on le recouvre avec du sel ; le lendemain on retourne le fromage et on procède de la même manière que la veille, afin de saler également l'autre surface et les côtés qui n'avaient jamais reçus de sel. Enfin on répète cette opération jusqu'à ce que le fromage ait pris la juste quantité de sel qui lui convient, ce qu'on reconnaît par la dégustation, et surtout lorsqu'il n'en absorbe plus; alors on distribue le caillé sur des espèces de claies ou clayons faits comme une échelle et rangés près des murs de la fromagerie; on y met de la paille de seigle sur laquelle on arrange les fromages de manière qu'ils ne se touchent en aucun point.

Ainsi arrangés et distribués, les fromages sont retournés tous les deux jours pendant environ deux mois, de manière que la paille qui est inférieure la veille devienne supérieure le lendemain et sèche à son tour. Alors cette opération n'est plus

2

répétée que tous les huit jours, en observant de renouveler la paille et de laver les claies dans la crainte qu'elles ne communiquent quelque mauvais goût.

Affinage des fromages.

Pour parvenir à cette perfection des fromages, on le porte dans un endroit frais et humide, ayant soin de les garantir des souris, des rats et surtout des insectes qui déposent leurs œufs.

Il y a certains fromages disposés à sécher trop vite. Pour prévenir cet inconvénient, quelques fabricans en frottent la surface avec de l'huile : D'autres les recouvrent de lie de vin, ou mieux encore d'une enveloppe de linge imbibé de vinaigre ; souvent aussi quand les fromages ne sont

pas d'un grand volume, on les entoure de feuilles d'orties ou de cres-
son qu'on renouvelle de tems en
tems quelquefois aussi de foin tendre qu'on humecte d'eau tiède en les
retournant souvent.

Ceux qui n'ont pas de localités
propres à ces opérations tiennent les
fromages à l'air sur une claie suspendue dans une cheminée, et pour les
faire affiner, ils les placent dans du foin
mouillé avec une lessive de cendres;
mais il arrive très-souvent que la fermentation devance le tems fixé par leur
calcul, et que la pâte a contracté un
goût fort avant l'époque de la vente.

Une fois les fromages affinés, on
les enlève de dessus la claie, on les
expose sur des planches dans un endroit où ils ne sèchent ni trop ni
trop peu : il faut surtout observer que

les planches ne soient pas de pin ;
de sapin ou d'autres bois résineux de
cette espèce, parce que les fromages
en contracteraient bientôt le goût et
l'odeur.

DEUXIEME PARTIE.

FABRICATION DES DIFFÉRENTES, ESPÈCES DE FROMAGES EN PARTICULIER.

CHAPITRE PREMIER.

DES FROMAGES DE LAIT DE VACHES.

SECTION PREMIÈRE.

FROMAGES DONT LE LAIT EST FAIBLEMENT CUIT.

I. Fromage de Gruyère.

Le territoire du même nom, situé dans le canton de Fribourg en Suisse, est rempli de montagnes fort élevées a donné le nom au fromage qu'on y fabrique, et qui, sans contredit, mérite la préférence sur tous ceux faits avec du lait de vaches.

2.

(18)

Dans cet endroit on a la coutume
de traire les vaches deux fois par jour
le matin vers les quatre heures , et
le soir vers les cinq heures. Lorsqu'on
a retiré tout le lait qu'on destine à
former un fromage , on le met dans
une chaudière qu'on soumet à l'action d'un feu modéré , on y délaye
ensuite la présure et dès qu'elle commence à faire sentir son action, on retire
la chaudière du feu, et on laisse le lait
dans un état de tranquillité à la faveur
de laquelle il se caille en fort peu de
tems.

Lorsque le caillé est bien formé et
qu'il a acquis une certaine consistance, on divise pour lors toute la
masse à l'aide d'un couteau de bois
suivant des lignes parallèles tirées à
un pouce de distance et coupées à an-
gles droits, par d'autres lignes paral-

lèles à la même distance. On sépare
avec le même instrument les portions
du caillé qui se trouvent dans les
insertions des parallèles et on pousse
ses divisions à une plus grande profondeur, de telle sorte que la masse
soit entièrement désunie et réduite
en petits marrons grossiers. On les
soulève ensuite avec une écuelle plate
et on les laisse tomber dans la main
pour les diviser davantage.

Après qu'on a bien divisé le caillé,
on le replace sur le feu et lorsqu'il
est précipité au fond de la chaudière,
on enlève une petite quantité de petit-lait
qui surnage la masse grumelée et le
restant sert à sa cuisson.

On reconnaît que la pâte est assez
cuite, lorsque les grumeaux ont pris
une consistance un peu ferme, qu'ils
font ressort sous les doigts et qu'ils

ont un aspect jaunâtre. Alors on retire la chaudière de dessus le feu,
on agite les grumeaux en différens sens
avec une spatule de bois, on les sort
du vase, en les exprimant fortement
dans les mains, on en forme une masse
totale qu'on dépose dans une toile à
claire voie et qu'on soumet ensuite à
l'action d'une presse pendant deux ou
trois jours, à l'effet de faire écouler
le restant du petit lait.

Le caillé étant suffisamment pressé,
on le place dans des moules de bois
pendant environ trois semaines et qu'on
charge ensuite de pierres. Au bout de
quelque tems on le sale, en le frot-
tant fortement avec du sel, jusqu'à ce
qu'on s'aperçoive qu'il n'en absorbe
plus, ce qui s'annonce par l'humidité
surabondante. Pour lors, on retire le
fromage du moule et on le place en
réserve dans un souterrain.

11. *Fromage d'Auvergne*

Dans le Mont-d'or, le Cantal et le Salers, on fait des fromages connus sous le nom de fromage de Cantal ou d'Auvergne, ils sont petits et de forme cylindrique.

Après qu'on a trait les vaches, on met la présure dans le lait au moyen de laquelle il se caille fort vite: dès qu'il est convenablement caillé, on le divise à l'aide d'un couteau de bois qu'on nomme *messadour*, et à l'aide d'un bâton terminé par une planche ronde et trouée, qu'on nomme *menole*, on le réunit en une masse qui se précipite au fond du vase, ou boîte. Pour lors on l'en retire ; on la met dans une fescelle (vase de bois percé de plusieurs trous), on l'y presse fortement, puis après, on la place sur de la paille dans une boîte inclinée, offrant une ouverture pour l'écoulement du petit-lait, et à mesure qu'on fait de nouvelles masses on les place sur les anciennes.

Lorsqu'il fait froid, on met la boîte ainsi garnie devant le feu. Les masses restent en cet état deux fois vingt-quatre heures, pendant lesquelles il s'opère un mouvement de fermentation qui fait que son volume augmente qu'il s'y forme une infinité de vides eu d'yeux. Alors on dit que le caillé est poussé et on lui donne le nom de tomme.

Après que la fermentation est achevée, on pétrit un morceau de cette tomme dans la fescelle, puis on l'y sale. Lorsque toute la masse est ainsi pétrie et salée par morceaux, on en remplit

la fescelle en comprimant fortement
cette tomme, puis on engage dans
la fescelle le bord inférieur d'une se-
conde pièce appelée feuille, qu'on remplit également. On place dessus la guil-
lande, (autre pièce qui sert à maintenir
la feuille) et qu'on remplit encore jusqu'au bord. On recouvre ensuite le
tout d'un morceau de toile et on le
transporte sous une presse qui n'est
autre chose qu'une planche placée au-
dessus d'une table à rigole (planche
arrêtée d'un côté par des chevilles
fixées dans deux montans) et qu'on
charge de l'autre d'un nombre de pierres
plus ou moins grosses.

Sous cette presse, le fromage se
comprime, la feuille ainsi que la guil-
lande entre dans la fescelle et le petit
lait s'écoule par les trous de la fescelle et par des intervalles des trois

pièces. Il y reste environ un jour, puis on le retourne et on l'y place de nouveau pendant quelques heures.

Au sortir de la presse, le fromage est porté à la cave où on a soin de l'humecter avec un linge trempé dans du petit lait que la presse en a exprimé et qui est chargé de sel, et de le retourner tous les jours. Son état de sécheresse indique qu'il n'a pas eu assez de sel et on en augmente la dose. Au bout de six semaines ou deux mois le fromage a formé une première croute qu'on racle légèrement avec un couteau. Alors on le frotte tous les jours avec un linge blanc.

Au bout de cinq mois environ on le transporte dans une cave où il achève de prendre de la consistance, et on continue de le frotter avec un linge.

III. *Fromage de Bresse.*

Le procédé de ce fromage peut
être mis en pratique dans tous les
cantons, principalement lorsqu'on n'est
pas dans le cas d'en faire une grande
quantité. Pour le faire, on prend dix
à douze pintes de lait : après l'avoir
coulé, on le met sur le feu dans une
chaudière où on le laisse acquérir
assez de chaleur pour pouvoir y tenir
les bras nu. On y met ensuite une
once environ de bon fromage détrempé
dans un ou deux verres d'eau dans
laquelle on a délayé assez de safran
pour donner une couleur au caillé et
de-là au fromage.

Lorsque le lait qu'on a mis dans
la chaudière est suffisamment chaud,
on brise le fromage avec un bâton

bicanet, afin que la partie la plus onc-
tueuse aille au fond de la chaudière,
et se mêle ensuite. Cette opération
faite, il s'agit de bien laver ses bras
et de pétrir la pâte de ce fromage en
la tournant et retournant jusqu'à ce
qu'elle soit partout également échauf-
fée, et qu'elle ait acquis une consistance un peu ferme. On retire alors
ce fromage de la chaudière ; on le met
sur un linge blanc et par dessus un
poids, afin qu'il soit dans le cas de bien
s'égoutter. On le laisse ensuite égoutter pendant cinq à six heures, après
quoi on le descend à la cave sur des
tablettes bien propres.

IV. Fromage de Parmesan.

Il faut une centaine de vaches pour
pouvoir fournir le lait nécessaire à la

fabrication d'un fromage de Parmesan
par jour, parce qu'on compte que sur
ce nombre il y en a toujours un cin-
quième qui sont prêtes à vêler, qui
viennent de le faire ou qui sont ma-
lades. L'une portant l'autre elles donnent trente-deux pots de lait pesant
un peu moins de deux livres chacun.
On réunit la traite du soir à celle du
matin, celle du soir est écrêmée;
mais celle du matin ne l'est pas
ou bien peu. On met le lait dans
une chaudière conique d'environ cinq
pieds de profondeur et huit pieds de
diamètre, établie sur un fourneau
maçonnique, ou suspendue à une po-
tence. On fait bouillir ce lait et on y
mêle avec la main de la présure et
du safran en proportions variables après
en avoir ôté le feu. Cela fait, la chaudière est couverte. Lorsque le caillé

est bien formé, on le rompt, et on
le mélange avec un bâton traversé de
neuf chevilles en croix ; puis on ral-
lume le feu qu'on augmente successivement et on continue à remuer,
mais avec un bâton qui n'a que quatre
chevilles. Après un quart d'heure de
travail le caillé est réduit en grumeaux.

Il est de la plus grande importance
de remarquer quand les grumeaux
commencent à prendre de la consistance, afin de retirer le feu.

Arrivés à cet état, on enlève le
petit lait, d'abord en le décantant, ensuite en le passant à travers un linge.
Le petit lait est remis sur le feu pour,
en faire le mascarpa, ou fromage de
petit lait, qui se vend aux pauvres, et
à bon marché. Lorsque le lait caillé
est entièrement refroidi, on le met
dans une forme de bois sans fond re-

couverte d'une planche ronde un peu
plus petite que la forme , planche
qu'on charge de poids considérables,
afin d'extraire du fromage tout le
petit-lait. Le même soir que le fromage a été mis en forme on le porte
au magasin, où vingt-quatre heures
après, on le sale. Il y reste en hiver
quinze jours et en été huit à douze
seulement. Pendant ce tems , il se
forme une croute sur sa surface.

A cette époque on transporte le
fromage dans une autre pièce, où, de
tems en tems , on le frotte d'huile,
ou pendant six mois on le retourne
chaque jours, après quoi il est livré
au commerce.

V. *Fromage de Gerardmer.*

Pour faire ce fromage , on commence

3.

par couler le lait dans un couloir :
ensuite on le met dans une chaudière
qu'on place sur le feu et l'on y mêle
après qu'il est chaud la présure. Lorsque le caillé est bien formé, on le sort
de la chaudière en l'exprimant entre
les mains et on le dépose dans des
formes cylindriques dont le fond est
précisément comme celui d'une bouteille. Cette surface conique est percée
de cinq petits trous, un à la pointe
du cône et les quatre autres dans une
rigole, ou sa base vient aboutir. La
forme a environ quatre pieds de diamètre sur quatre pouces de base. Cette
disposition du fond de la forme est
très-favorable à l'écoulement du petit-lait et beaucoup plus que le
simple plan de la base du cône. On
favorise aussi cet écoulement par des
entailles pratiquées sur la longueur

du cylindre; il y en a deux rangées. On laisse égoutter pendant quelque tems le fromage dans cette forme, après quoi on le met dans une nouvelle forme, qui est moins haute et plus large et dont le fond est toujours en cul de bouteille, ensorte que cette pression reste dans le fromage moulé.

Lorsque les fromages ont acquis un peu de consistance on les transporte dans des caves, où ils se perfectionnent en moins de deux mois, à la faveur de la chaleur uniforme de ces souterrains.

VI. Fromage de Mersem.

Ce fromage se fabrique aux environs de Mastricht. Pour le faire, on commence par faire cailler le lait dans

une chaudière sur un feu modéré sans
le porter à l'ébullition et on le remue
ensuite avec une spatule de bois jusqu'à ce que toute la partie caseuse
en soit séparée. Après on passe le tout
à travers un linge blanc, et on le
comprime avec les mains, de manière
à en exprimer le plus possible de petit-
lait. Le lendemain, on incorpore dans
la masse du sel, de la canelle et du
girofle en poudre et on la met en la
comprimant fortement, dans un vase
qu'on place dans un lieu frais.

Au bout de trois ou quatre jours
on retire le fromage du pot et on
y incorpore la crème qui appartenait
au lait dont il était composé, plus un
morceau de beurre et un jaune d'œuf.
On mêle bien le tout par un pétris-
sage d'environ une heure, puis on le
remet dans le pot en le comprimant

fortement deux fois vingt-quatre heures après, on le pétrit de nouveau et
on le distribue dans des moules de
bois cubiques, où trois jours suffisent
pour lui donner toutes les qualités
qu'il doit avoir.

SECTION DEUXIÈME.

FROMAGES FAITS DE LAIT DE VACHE QUI
N'EST PAS CUIT.

I. *Fromage de Hollande*

Pour faire cette espèce de fromage, on commence par faire couler le
lait dans une étamine, ou le dépose
ensuite dans une écuelle ; puis on y
met la présure et on le laisse prendre.
Lorsqu'il est bien caillé, on le rassemble
dans une masse et on en dégage le petit
lait le plus qu'il est possible ; c'est cette

masse de caillé réunie qu'on emploie aussitôt à faire le fromage.

On prend une certaine quantité de caillé qu'on met dans une écuelle percée de trous comme une passoire, on la pétrit en la pressant fortement ; l'on en exprime ce qui peut y rester de petit-lait, en même tems une certaine quantité de crême entraînée par le petit-lait s'échappe à travers les trous de l'écuelle : cette crême est tellement abondante dans le caillé, que lorsqu'on le rompt, on en voit plusieurs filets qui en découlent, et quoique la pâte ait été pétrie avec soin, on aperçoit encore la crême distribuée par veines blanches au milieu des fromages lorsqu'ils ont reçu toutes les préparations : c'est une marque non équivoque que le lait dont ils ont été faits était fort et gras. A mesure qu'on pé-

trît ainsi le caillé et qu'on le réduit
en grumeaux fort fins, on le met dans
des formes, ce sont des cylindres
creux dont le fond est concave et
percé de trous. Sitôt que les formes
sont remplies exactement de caillé bien
pétri et bien entassé, on recouvre avec
un couvercle cylindrique taillé de
manière qu'il peut entrer dans l'ex-
trêmité supérieure de la forme dès
qu'il éprouve le plus petit effort de
la presse. La forme placée sur une
table avec une rigole qui est creuse
tout autour, elle est comprimée par
une planche portée sur trois montans
et chargée de pierres. La crème et le
petit-lait continuent à s'échapper par
les trous du fond de la forme, coulent
sur la table et vont se rendre dans
un vase destiné à les recevoir.

Le pain de caillé ayant pris dans

la forme et sous l'effort de la presse
avec une certaine consistance ; on le
retire de la forme ; on le retourne et
l'on continue de le tenir sous la presse
de la manière dont je l'ai dit ci-des-
sus. Dans cette situation, le petit lait
et la crême surabondante se dégagent
toujours par petits filets du pain de
caillé dont les yeux se rapprochent et
se serrent de plus en plus ; ce qu'on
reconnaît aisément par la destruction
des yeux et lorsqu'ils sont diminués
à un certain point, on retire le pain
de la forme et on l'enveloppe dans
une toile fort claire qu'on a eu soin
de faire sécher bien exactement.

On étend la toile sur une table, et
après avoir retiré le fromage de la
forme, on la roule par le milieu tout
autour de la surface cylindrique
du fromage ; puis on rapproche les

parties d'une lisière en les pliant sur les bases arrondies par le cul de la forme, on remet le fromage ainsi enveloppé dans une forme et on finit par en recouvrir la base supérieure avec l'autre extrèmité de la toile, dont une grosse épingle assujétit les derniers plis. C'est alors qu'on porte cet équipage sous la presse la plus pesante, et qu'on achève de comprimer le fromage de manière que la crème et le petit lait se dégagent le plus qu'il est possible, et que les yeux disparaissent entièrement ; mais pour obtenir tous ces effets, les fromages restent en cet état huit ou dix heures.

Je dois faire remarquer ici qu'on met d'abord les fromages sous des petites presses, par le moyen desquelles on peut ménager la compression du pain caillé, ainsi que la

4

sortie de la crême et du petit-lait ; ou
bien, si l'on emploie de grandes presses,
on diminue le poids dont on les charge et on ne les augmente ensuite que
par degrés. On a les mêmes attentions
lorsqu'on a mis l'enveloppe de toile
au fromage.

Les fromages étant bien égouttés et
bien pressés , on les retire de la
forme et de la toile, et on les met
tremper dans une eau faiblement salée.
Cette espèce de bain communique au
fromage une première pointe de sel, qui
pénètre dans toute la masse, à la faveur d'un restant d'humidité qu'elle
conserve; encore outre cela la pâte y
contracte une consistance et une solidité qui contribue à la conservation
des fromages. Après qu'ils ont trempé
quelques heures dans l'eau salée, on
les met dans de nouvelles formes plus

petites que les premières et percées seulement d'un trou rond au milieu du fond concave : on répand ensuite sur leur base supérieure, une couche légère de sel blanc bien pur, qui pénètre dans la pâte à mesure qu'il fond. Le surplus, coulant dans l'intervalle qu'il y a entre le fromage et les parois intérieures de la forme, humecte légèrement la surface cylindrique du fromage et ce qui parvient au fond s'échappe par le trou de la forme dont j'ai parlé, et parvient par les rigoles de la table dans des baquets. C'est cette eau salée dans laquelle on met tremper les fromages, comme je viens de le dire.

On retourne le fromage, et l'on couvre l'autre base d'une couche de sel blanc semblable à la première ; on le laisse en cet état jusqu'à ce que le sel

soit bien fondu et que sa partie surabondante soit écoulée de même que
la première. Lorsque par ces manipulations les fromages ont pris suffisamment de sel, on les met tremper
de nouveau dans des baquets, qu'on
remplit de l'eau des creux intérieurs,
et qui n'est que faiblement saumâtre.
Cette eau, non-seulement dissout la
partie de sel qui peut être surabondante
à la surface du fromage, mais encore
enlève une matière butireuse qui forme
une croûte blanchâtre. Au bout de six
à sept heures, on retire les fromages
de l'eau; on les lave avec du petit-
lait et en les râclant, on parvient à
les dépouiller de la croûte blanchâtre.

Après toutes ces manipulations, et
qui s'exécutent avec le plus grand
soin, on met les fromages en dépôt
sur des planches dans un endroit frais

où on les retourne souvent. Ils y acquièrent une couleur d'un beau jaune ;
c'est pour lors qu'on les livre au commerce.

La crême qu'on exprime du caillé
par le moyen des presses, se met en dépôt dans des baquets en forme de petits
tonneaux de deux pieds de hauteur,
sur un pied et demi de diamètre ;
outre cela le petit lait qu'on a retiré du caillé se dépose dans de
semblables baquets, et après un certain tems de repos , la liqueur se
couvre d'une couche de crême légère
qu'on enlève et qu'on met dans les
premières tinettes à la crême dont
j'ai fait mention. Lorsqu'on a obtenu
une certaine quantité de crême par ces
différens moyens, on la met dans une
barate ordinaire et on en tire le beurre
en la battant un certain tems.

4.

11. *Fromage de Brie.*

On fait des fromages de Brie d'un
grand nombre de qualités, les plus
maigres sont composés de lait écrémé.
Les autres contiennent toute la crême
de leur lait. Le fins, outre cette crême,
reçoivent celle de la traite précédente.
Voici comment on procède à la fabrication de ces derniers.

Dès que les vaches sont traites, on
passe leur lait par une étamine et on
y réunit la crême de la traite du soir
précédent. On jette dans ce mélange
un peu d'eau chaude pour lui donner
une douce chaleur et on le bat avec
une grande bate pour distribuer également la crême dans toute la masse;
puis on y mêle la présure renfermée
dans un nouet de linge fin, sur le

pied d'une cuillère par deux pintes.
La présure étant dans le lait, on
couvre le vaisseau, et au bout d'une
demi-heure, ou plus s'il fait froid, on
regarde si le lait est caillé; s'il ne l'est
pas, on ajoute de la nouvelle présure.

Le caillé étant formé, on le remue
dans son petit lait, d'abord avec une
tasse, ensuite avec la main; enfin,
on le comprime au fond du vaisseau.
C'est alors qu'il est en état d'être mis
dans le moule à fromage, lequel est
fait en osier et a souvent un pied
de large sur deux pouces de profondeur. Là on le presse de nouveau, et on
le couvre d'une planche qu'on charge
d'un poids, et qu'on laisse jusqu'à ce que
le petit-lait soit entièrement écoulé.

Lorsque le fromage paraît dépouillé
de tout son petit-lait, on mouille un
linge qu'on étend sur une planche du

moule et on y met le fromage. Dans
cet état on le remet en presse. Une
demi-heure après on le retire du pressoir, on le change de linge et on
l'y replace, et cela se repète ensuite
de deux heures en deux heures, la
nuit exceptée, jusqu'au soir du lendemain; mais on n'enveloppe plus le
fromage que dans un linge fin et sec,
linge qu'on supprime même les der-
nières fois.

Au sortir du pressoir on frotte un
des côtés du fromage de sel, dans un
baquet, où on le laisse passer la nuit.
Le lendemain on le retourne pour
frotter l'autre côté de la même manière, puis on le laisse trois jours dans
la saumure. Ce tems écoulé, on le
place sur une planche ordinairement
garnie de linge ou d'un tissu de jonc,
ou de fétus de paille, tissu qu'on

appelle Cajot, dans un lieu ni trop sec, ni trop humide : là on l'essuie tous les jours avec un linge sec, et on les retourne en même tems jus-qu'à ce qu'il soit sec. La chaleur de l'atmosphère accélère ce moment.

Il y a quelques parties de la Brie, où l'on ne met pas les fromages en presse ni dans la saumure ; là quand ils sont arrivés au degré de dessicca-tion suffisante , ou râcle avec un couteau la mucosité farineuse qui les couvre, et on les sale avec du sel fin d'un côté; puis de l'autre, ayant soin de le retourner de tems en tems et de les changer de cajot.

Une certaine quantité de ces fro-mages, étant reconnue être au point convenable, on les renferme dans une tonne défoncée, entre deux tissus de jonc ou de fétus de paille et avec de la menue paille d'avoine, on les range de manière qu'aucun ne se touche. C'est là qu'ils s'affinent. Pour hâter ce moment, on place le tonneau dans un lieu frais sans être humide : les fromages s'y ressuient, s'attendrissent, et acquièrent en peu de mois cette perfection qui les fait tant rechercher.

Au lieu d'opérer ainsi, quelques fermières affinent leurs fromages quelques jours seulement avant de les manger, ou de les envoyer au marché. Pour cela, ou elles les enveloppent de paille d'avoine mouillée, ou elles les trempent un moment dans l'eau chargée de cendres et les entourent de foin.

Il est important pour les cultivateurs qui font ces sortes de fromages qu'ils les vendent au tems

opportun ; car il en est beaucoup
qui se décomposent et coulent dès
la fin de l'hiver, même avant que
les chaleurs se fassent sentir, c'est-
à-dire, qu'à cette époque leur partie
intérieure se ramollit, se gonfle, fait
crévasser la croûte et sort sous la
forme d'une bouillie épaisse de couleur grise , blanche , ou jaunâtre.
Aucun ne peut se conserver, quelque
précaution qu'on prenne, une année
sur l'autre.

La bonne saison de faire les fromages de Brie est le mois de septembre; ceux qui se font plus tard,
c'est-à-dire, pendant l'hiver, sont peu
estimés. On mange frais ceux qui
proviennent des traites de l'été.

III. *Fromage à la crème.*

On commence par faire chauffer un peu de lait dans un vase de terre vernissé, puis après on y met la quantité de présure convenable, et lorsque le caillé est bien formé, on le divise doucement avec une spatule de bois, dans une même direction. Après une demi-heure environ de repos, on découle le petit-lait, ensuite on met les grumeaux dans une toile à claire voie et on les y fait rouler pour en faire sortir tout le petit-lait; après, on met le fromage dans une éclisse, on le couvre d'une planche un peu épaisse qui entre juste dans l'éclisse et qu'on charge de poids pour que le tout s'affaisse et se façonne; on le retire le lendemain de l'éclisse ; on divise la masse avec un fil de soie, par plateaux d'environ un pouce, la sale légèrement et la porte sur des planches propres où on les retourne deux fois dans la journée ; le lendemain on les met sécher, et huit à quinze jours, selon la saison, suffisent pour les perfec- tionner.

IV. Fromage de Herve.

Les fromages de Herve, dans le dé- partement de l'Ourthe, jouissent d'une assez grande réputation pour qu'on en envoie jusqu'à Paris, quoique la fa- brication n'en soit pas fort étendue. Leur extérieur est rouge, et leur inté- rieur présente des nuances variées de bleu, de rouge et de jaune ; ils sont d'une consistance ferme et d'un goût

5

fort agréable. Voici les procédés de leur fabrication.

Après qu'on a trait les vaches, on fait cailler le lait avec la présure. Lorsque le caillé est formé, on le met dans un sac de toile claire, et on le comprime avec force pour en faire sortir le plus possible de petit-lait, puis on le met dans un vase de terre vernissé, on y incorpore deux livres de feuilles de persil, de ciboule, d'estragon hachées bien menu, en pétrissant le tout de manière à établir une égale distribution de ces feuilles dans la masse. Cela fait, on introduit le caillé dans une forme ronde ou carrée et percée de plusieurs trous, où il reste trente-six heures, au bout duquel tems il est devenu fromage, et qu'on place dans un lieu de température moyenne, où il se dessèche en huit ou dix jours. Quelquefois on les expose à l'ardeur du soleil.

Pour terminer la fabrication de ce fromage, on le porte à la cour sur de la paille fraîche, et on le sale de nouveau à la surface. Cette surface ne tarde pas à se couvrir de moisissure qu'on enlève à trois reprises différentes, au moyen d'une brosse trempée dans de l'eau où on a délayé du bol rouge. Enfin, au bout de trois mois de séjour dans ce lieu, le fromage est propre à être mis dans le commerce.

V. Fromage de Stilton, en Angleterre.

Ce fromage tient le milieu entre les cuits et les non cuits. Il passe pour le meilleur de ce royaume. Pour le faire, on prend quatre pintes de

lait du matin et vingt pintes de crême
douce (on peut changer ces quan-
tités, mais non pas diminuer les proportions), on les bat bien ensemble
en y ajoutant de l'eau chaude de
source ou de rivière en suffisante
quantité pour rendre le mélange un
peu plus chaud que le lait au sortir
des pis de la vache ; on y ajoute alors
une infusion de présure dans laquelle
il faut mettre beaucoup de fleurs de
muscade. Cette infusion se fait de la
manière suivante. On fait bouillir de
l'eau et du sel, on trempe alors dans
cette eau les caillets dans lesquels
est renfermée la présure, et on les
retire quand l'eau est suffisamment
chargée de ce principe acide. Il ne
faut pour cela que sept à huit mi-
nutes.

Cette liqueur, qu'on ajoute ici au

mélange échauffé du lait et de la crême, doit auparavant avoir reçu les fleurs de muscade.

Le lait ne tarde pas à se cailler et lorsqu'il l'est, on divise les grumeaux avec une écumoire, ou de tout autre manière, pour le réduire peu à peu à la grosseur du pouce. Dans cet état, on les sale, et ensuite on les met pendant deux heures dans une éclisse et on les presse fortement.

On fait bouillir alors le petit-lait; il s'y élève des grumeaux qu'on appelle caillé-sauvage; on les enlève avec une écumoire; cela fait, et le petit-lait retiré du feu, on y met le fromage pendant une demi-heure; au bout de ce tems, on l'en retire et on le met dans l'éclisse pour le faire égoutter; lorsqu'il ne coule plus de petit-lait, on le retire de l'éclisse

5.

et on l'enveloppe tout autour , mais ni
dessus ni dessous , avec des bandes de
linge et on le pose ainsi sur des tablettes
de chêne , en ayant soin de le retourner deux ou trois fois par jour
pendant le premier mois.

Ce fromage , dans les proportions
indiqués , a huit pouces de haut , sept
de diamètre et pèse communément
dix huit livres ; il est si tendre et si
gras qu'on peut l'étendre aisément sur
le pain comme le beurre , un an après
la fabrication. Lorsqu'il commence ,
environ trois mois après qu'il est fait,
à ne plus être si mou , on fait par
le haut un trou au milieu de sa longueur d'un pouce , et que l'on creuse
jusqu'à un pouce du fond. On remplit cette ouverture de vin de Malaga ,
ou de Canaries , ou de vin muscat
jusqu'à la hauteur d'un pouce près

du bord. On bouche alors ce trou
avec une partie de ce qu'on a retiré
du fromage, et cette opération faite,
on met le fromage dans une bonne
cave pour qu'il s'affine.

Le vin s'imbibe peu à peu dans
tout le fromage et lui donne une saveur fort délicate. Le trou qu'on y
avait fait se remplit de la substance
même du fromage et l'on ne s'aperçoit pas, lorsqu'on le mange, qu'il a
été creusé.

CHAPITRE DEUXIÈME.

FROMAGES FAITS AVEC LE LAIT DE BREBIS.

I. *Fromages de Roquefort.*

Le fromage de Roquefort est de
tous ceux qui se font en France celui

qui a le plus de réputation, par la
délicatesse de son goût, la fermeté
de sa pâte et le persillage qui se forme
dans certaines parties de sa masse. Les
brébis qui fournissent le lait pour sa
confection, paissent toute l'année sur
des montagne arides, et on leur donne
habituellement du sel. Le plus réputé
de ces pâturages s'appelle Quazart.

Depuis mai jusqu'en juillet chaque
brébis donne environ trois quarts de
livres de lait en deux traites : c'est le
tems du meilleur produit ; cependant
on fait des fromages jusqu'à la fin
de septembre. Le lait étant placé dans
une chaudière, on y met la présure, et dès qu'elle est dans ce vase,
on remue bien le tout pour qu'elle
se distribue également dans toute la
masse, et en peu de tems il est caillé.
Pour lors, une femme plonge les

mains dans le caillé, qu'elle tourne
et retourne dans tous les sens, puis
elle le comprime ou le pousse vers
le fond, où enfin il se précipite sous
la forme d'un pain rond. Alors on
coule le petit-lait et on place le
caillé dans une forme cylindrique
qu'on soumet ensuite à l'action de
la presse; quand le caillé a rendu
tout son petit-lait par les trous que
présente la forme, on l'y pétrit de
nouveau avec force et on le remplit
au-delà de ses bords; puis, après l'a-
voir comprimé autant que possible,
on le remet dans la presse pendant
environ douze heures; au bout de
quelque tems on retire le fromage,
on l'enveloppe dans un linge et on
le porte dans une chambre où on le
fait sécher sur des planches.

Pour empêcher de se gercer, on

les sangle fortement avec une toile
forte. Il faut les retourner au moins
deux fois par jour et frotter les planches qui les supportent, sans quoi
ils s'aigriraient, s'attacheraient aux
planches et ne se coloreraient pas
convenablement. Au bout de quinze
jours les fromages sont secs ; alors on
les porte dans des caves et on les
sale chaque côté l'un après l'autre
et à vingt-quatre heures de distance,
avec du sel fin. Quand le fromage
est convenablement salé, on le frotte
avec un morceau de grosse toile et
on le ratisse quelques jours après
avec un couteau. Ces raclures servent
à composer un fromage en forme de
boule, qu'on appelle Rubarbe et qui
se consomme dans le pays.

Ces opérations étant terminées, on
met huit à dix fromages en pile et

on les y laisse quinze jours. Au bout de ce tems, ils se couvrent de moisissure qu'on racle, et on range les fromages sur des tablettes. On renouvelle pendant deux ou trois mois, tous les quinze jours, ou même plus souvent, l'enlèvement de la moisissure qui, de blanche qu'elle est d'abord, devient successivement verdâtre et rougeâtre, couleur que les fromages conservent. Ils sont alors en état d'être mis dans le commerce.

Le déchet qu'éprouvent les fromages de Roquefort par ces manipulations, est tel, que cent livres de lait ne donnent que vingt livres de fromage fait.

Le bon fromage de Roquefort doit être bien persillé, c'est-à-dire, parsemé de veines bleuâtres dans son intérieur et d'une saveur douce et agréable.

Comme sa fabrication est très-bornée
et qu'il est très-recherché, il se tient
toujours à un prix élevé.

Le petit-lait qui s'est séparé du
fromage dans la chaudière et que
l'on a mis de côté, sert à faire,
ce qu'on appelle dans le pays, des
recuits. Pour cela, on le met sur
le feu, et à mesure qu'il s'échauffe
sur sa surface et le tour de la chaudière il se charge d'une écume blanche, qu'on enlève avec une écumoire et qu'on jette. Ce petit-lait
étant ainsi purifié, on y répand deux
livres de lait qu'on a eu soin de garder de la dernière traite. On entretient
le feu sous la chaudière, en sorte que
la liqueur ne bouille pas. Quelques
instans après, ce mélange se divise en
une sérosité limpide et une substance

coagulée qui, s'élevant peu à peu et
par masses, couvre enfin toute la su-
perficie de la partie séreuse. Dès qu'elle
est ramollie à l'épaisseur d'environ
deux pouces, les traites se trouvent
formées. On ôte pour lors la chaudière de dessus le feu et on les retire avec une écumoire un peu grande
et on les met dans des écuelles. Ce
mets a un bon goût et sert de nourriture aux habitans du Lichart et des
environs, pendant la saison du lait.
Comme elles s'aigrissent dans les vingt-
quatre heures, les particuliers vendent, à ceux qui n'en ont point, celles
qu'ils ne peuvent consommer, et le
prix est ordinairement le même que
celui des fromages faits du pays.

Lorsque dans l'arrière saison les
brébis ne donnent plus en un jour
assez de lait pour faire un gros fro-

mage on ne fait que des petits. Il est cependant des cultivateurs qui font chauffer leur traite pour l'empêcher de s'aigrir et le lendemain après l'avoir écrémée, ils la mettent avec la traite du jour et on fait un gros fromage, mais toujours inférieur à ceux de la bonne saison, pourvus de toute leur crême. Le beurre qu'on retire de ces fromages est exquis, et se vend sous le nom de crême de Roquefort.

On contrefait dans les environs, le fromage de Roquefort, mais on ne parvient pas à lui donner la couleur et la saveur des vrais; il diminue plus de poids et s'altère plus promptement.

Il convient de parler ici des caves de ce village, puisqu'il est bien reconnu que sans elles le fromage serait d'une bien moindre valeur. Au midi de Roquefort se trouve un vallon en cul-de-sac , entouré d'une chaîne de rochers coupés à pic, dans lesquels sont pratiquées les caves , au-devant de chacune desquelles il y a une bâtisse pour la porte , qui est tantôt au levant , tantôt au couchant , tantôt au midi , mais qui n'en reçoit pas plus les rayons du soleil, qui ne pénètrent dans le vallon que pendant quelques heures des plus longs jours de l'été.

Les caves varient en capacité et ont toutes, trois parties : le rez-de-chaussée , le souterrain qui est plus bas , et l'étage qui est plus élevé que le rez-de-chaussée. Toutes les pièces ont huit pieds de hauteur moyenne et sont garnies de pierres contre leurs parois.

A différens endroits du rocher se trouvent, des fentes d'où sort un vent froid, assez fort pour ne pas permettre d'en approcher de trois pieds une chandelle sans qu'elle s'éteigne. C'est à la froidure de ce vent qu'on attribue, sans doute avec raison, la propriété qu'ont ces caves d'affiner le fromage qu'on y dépose. On fait d'ailleurs à Roquefort une grande différence entre une cave et une autre cave pour ces objets ; il y a lieu de croire que ce sont les plus froides qui sont les meilleures.

M. Marcorelle, à qui l'on doit quelques renseignemens sur le fromage de Roquefort, a trouvé, un 9 octobre, que l'air de ces caves était plus froid de sept degrés et demi que celui de l'atmosphère. M. Le Sage trouva aussi, un 28 septembre, que dans sept à huit de ces caves le froid était de sept degrés plus intense que dehors ;

et que dans d'autres il l'était de neuf degrés.

Sans doute on trouve rarement des circonstances naturelles de ce genre; mais, il est possible de les produire artificiellement, principalement au moyen d'une tombe, ou courant d'eau tombant par un canal perpendiculaire dans un réservoir qui communique avec une cave par un tuyau sortant de la partie supérieure.

II. *Fromages de Montpellier.*

Dans les environs de Montpellier on prépare de petits fromages qu'on appelle fromageons et qui en général sont d'un goût fort agréable. Pour les préparer on commence par passer le lait par une étamie très-propre; ensuite on le jette dans des grands pots de terre

6.

vernissés avec la dose de présure convenable. Ces pots sont placés dans
un endroit chaud quand il fait frais,
et dans un endroit frais quand il fait
chaud. Aussitôt que le lait est caillé,
on brise la masse avec une cuillère percée
ou avec la main, et on met ensuite le
caillé bien égoutté de son petit-lait
dans des éclisses de grès, ou dans
des moules percés de trous de six
pouces de diamètre et d'un pouce de
profondeur, où il s'égoutte. Au bout de
quelques heures, on retourne le fromage et, lorsqu'il a acquis assez de
consistance pour être ôté de l'éclisse,
on le met sur de la paille ou du jonc;
puis on le sale d'un côté, en ayant
soin de le retourner chaque jour.

Quelques personnes aiment mieux
les fromages frais, c'est-à-dire, cinq ou
six jours au plus de fabrication. D'autres les vendent plus ou moins passés.

CHAPITRE TROISIÈME

I. *Fromages du Mont-d'Or, dans le voisinage de Lyon.*

La bonté des fromages du Mont-d'Or est connue : leur goût délicat les fait rechercher à Lyon, aux environs et même à Paris. La manière de les faire est fort simple. On trait les chèvres de grand matin ; on coule le lait à travers un linge et on le met reposer deux ou trois heures dans des vases de terre ou dans des sceaux de sapin ; ensuite on y mêle de la présure, qu'on remue avec une cuillère pour la distribuer également dans toute la masse du lait ; et au bout de quelque tems il est caillé. Pour faire les fromages

avec ce caillé, on prend des écuelles
de bois ou boîte de sapin plates,
semblables à celles où l'on renferme
des dragées : on met ces boîtes sur de
la paille, et on étend dedans un linge
bien blanc, bien propre et d'une toile
assez fine, et au moyen d'une cuillère
de bois plate, on verse dans ces boîtes
une quantité de caillé suffisante pour
les remplir. Ces boîtes n'ont guères
plus de trois à quatre pouces de diamètre et deux pouces environ de profondeur. On laisse rapprocher le caillé,
égoutter le petit-lait jusqu'à ce qu'il n'en
reste plus : c'est alors qu'on retire les
fromages de l'éclisse, qu'on les place
sur une petite claie de paille et qu'on
les sale. Vingt-quatre heures après on
retourne les fromages sur un autre
clayon de paille, on enlève la toile
qui a servi à égoutter le petit-lait et

on répand du sel sur le côté nouvel-
lement découvert, et qui n'en a pas
encore reçu.

On laisse le sel fondre sur les deux
faces du fromage, pénétrer dans l'intérieur en le retournant chaque jour
d'un clayon sur un autre : on a soin
que les clayons soient bien nets et bien
lavés chaque fois qu'on en fait usage;
et de même, si le sel laissait quelques
taches à leur surface par des parties
terreuses qui s'y trouveraient mêlées,
on a soin de les enlever avec de l'eau.
Une opération essentielle dans la préparation de ces fromages, et qui vient
à la suite de ces manipulations, est de
les placer sur des tablettes bien propres
et en un lieu tempéré, où ils ne
sèchent, ni trop, ni trop peu. Lorsqu'ils ont pris une certaine consistance et qu'on veut les manger sous

forme de crême, on les met entre deux assiettes rondes, qu'on retourne chaque jour pour que le fromage repose successivement sur ses deux faces, et s'y ramollisse. Mais si l'on ne veut pas en faire usage sur-le champ, on les fait sécher complettement pour qu'on puisse les conserver en cet état; et dès qu'on a besoin de les ramollir et de les faire passer, on les met tremper dans du vin blanc, ensuite, on les place entre deux assiettes, comme je l'ai dit plus haut, on réitère cette petite manœuvre jusqu'à ce qu'ils soient bien ramollis et passés; on obtient par là un fromage d'un goût agréable et délicat. Pour en faire des envois à Paris ou aux environs de Lyon, on les renferme dans des boîtes de sapin rondes et applaties, où ils se conservent assez bien et lorsqu'ils ne contractent pas le goût du bois, ou qu'ils ne se dessèchent pas trop, on les mange alors avec autant de plaisir qu'à Lyon.

III. *Fromage de Bordeaux*.

Dans les environs de Bordeaux, du côté de Mérignac, de Tallance et de Beigle, on fabrique de petits fromages qu'on appelle fromage de joncs, parce qu'ils sont enveloppés avec les brins de cette plante, et qu'ils sont d'un goût fort agréable. Pour les préparer on commence par traire toutes les chèvres dès le matin, on dépose ensuite le lait dans un vase de terre et on y met la présure convenable, qu'on dis-tribue dans toute la masse avec une spatule de bois. Le lait étant bien caillé, on décante tout son petit-lait et on place, après, le caillé dans des grandes éclisses d'osier pour le faire égoutter et ensuite, on le coupe par morceaux plus ou moins gros, qu'on enveloppe dans un tissu fait de brins de jonc et on vend le fromage quelques heures après sa fabrication, c'est-à dire, vers le soir.

IV. *Fromage de Sassenage, ou fromage fait de plusieurs laits.*

Il y a déjà long-tems qu'Olivier de Sarre avait publié que le mélange des différens laits améliorait sensiblement les fromages, et la réputation justement méritée de ceux de Sassenage le prouve incontestablement.

Pour fabriquer cette sorte de fromage, on y mêle dans des proportions convenables, mais cependant le pre-

mier domine toujours du lait de vache de brébis et de chèvre dans un
chaudron bien propre que l'on met
sur le feu et que l'on retire lorsqu'il y a commencement d'ébullition.
Le lendemain , on réunit et on met
le lait chaud dans la même proportion que la crême , puis on ajoute
la présure. Ou remue jusqu'à ce que
le lait se caille et lorsqu'il l'est convenablement, on décante le petit-lait.
Le caillé se met ensuite dans des
formes percées de trous pour que le
restant de petit-lait puisse s'écouler.
Trois heures après on renverse le fromage dans une autre forme et on répète
cette opération plusieurs fois pendant
trois jours.

Lorsque le fromage a acquis assez
de solidité , on le saupoudre de sel
fin sur toutes les faces et lorsqu'il

en est complètement imprégné, on le
pose sur des planches de bois propres,
ayant grand soin de le retourner soir
et matin et de ne le jamais remettre de
suite dans la même place. On répète
cette opération jusqu'à ce qu'il soit
sec et qu'il ait pris une couleur rouge,
après quoi on le place sur de la
paille étendue par terre et on continue à le visiter et à le retourner tous
les jours. S'il était trop sec, c'est qu'on
l'aurait trop écrêmé, et alors il fau-
drait l'envelopper dans du foin mouillé
ou le descendre dans une cave humide.

L'ART

DE

FAIRE LE BEURRE.

TROISIEME PARTIE.

—

L'ART

DE

FAIRE LE BEURRE.

Fabrication du beurre.

Définition du beurre. — Le beurre
est une substance grasse, inflammable,
à demi-solide, d'une saveur douce,
agréable, susceptible de se liquifier
à une température de 12 à 20 degrés du thermomètre de Réaumur et
de prendre une consistance assez ferme dès qu'on l'expose au froid.

L'art de faire le beurre exige trois
opérations essentielles, qui consistent :

7.

1°. à écrêmer le lait; 2°. à battre la crême; 3°. enfin à délaiter le beurre.

1ʳᵉ. *Opération. Écrémage du lait.*

Après qu'on a trait toutes les vaches, on met le lait dans une grande terrine percée à sa partie inférieure d'une ouverture circulaire et qu'on dépose ensuite dans une cave pendant vingt-quatre heures, au bout desquelles on l'écrême. Pour procéder à cette opération, on débouche l'ouverture du vase qu'on pose sur une cruche, le lait échappe et la crême reste seule dans la terrine.

2ᵉ. *Opération, Battage de la crême.*

La crême étant réunie en masse, on l'introduit dans la barate (sorte de long vaisseau de bois fait de douves)

munie d'une manivelle à chaque
extrémité et on la tourne toujours
d'une manière uniforme. On reconnaît
que le beurre est fait, lorsqu'il tombe
par grains ou par petites masses au
fond de l'instrument , pour lors, on
en sépare le lait au milieu duquel il
se trouve ; mais cette séparation n'est
jamais tellement complète qu'il n'en
reste quelques portions dans les inter-
tices du beurre , et l'opération au
moyen de laquelle on l'exécute s'appelle *délaitage*.

Le beurre fait dans l'hiver est assez généralement pâle ou blanc, mais il n'en
a pas moins de bonne qualité ; cependant , on a attaché la perfection de
ce produit à la couleur jaune plus ou
moins foncée qu'il prend dans la saison de l'été , et il a bien fallu la lui
procurer artificiellement surtout au

beurre apprêté journellement chez les crêmières.

Coloration du beurre.

La matière végétale qui sert à colorer la totalité du beurre qu'on fabrique en grand dans le pays de Brug est la fleur de souci. A mesure qu'on la cueille, on l'entasse dans des pots de grès, où il résulte au bout de quelques mois, une liqueur épaisse, foncée qu'on passe à travers un linge, et que l'on emploie dans des proportions que l'usage apprend bien vite; mais il en entre si peu dans le beurre, que celui-ci n'en reçoit aucune saveur particulière. Cette liqueur est ajoutée ensuite à la crême, qui éprouve la percussion dans la barate, et c'est au moment où la cohésion du beurre va être rompue, que cette substance hui-

leuse prend ce qu'il lui faut de principe
colorant pour acquérir la nuance jaune dont elle peut se charger à froid.

Une foule d'autres matières colo-
rantes sont employées dans divers
cantons de l'Europe pour atteindre
ce but, telles sont le safran, les baies
de coqueret , le roucou bouilli
dans l'eau , la graine d'orcanel-
le ; on peut se procurer du beurre , depuis le rose léger jusqu'au rouge
le plus foncé, en augmentant ou dimi-
nuant les proportions de la racine.
Cependant pour que le beurre puisse
s'approprier ainsi la matière coloran-
te qu'on lui présente , il faut nécessairement qu'elle appartienne à la clas-
se des rassins ; car les betteraves rou-
ges et jaunes, la cochenille, mêlées
avec la crême , n'impriment aucune
teinte à ce corps gras , par la raison

que leur principe colorant est de nature extractive soluble exclusivement dans l'eau.

3°. *Opération. Délaitage du beurre.*

Quelques personnes restreignent cette opération à pétrir fortement le beurre et à le laver jusqu'à ce que l'eau en sorte claire ; cependant elle ne doit pas être négligée, car la présence de l'eau ainsi divisée à la surface du beurre, peut lui faire perdre de sa qualité le soir même du jour où il a été battu.

Le procédé du laitage se réduit à jeter le beurre dans des terrines remplies d'eau fraîche, afin qu'il perde la chaleur qu'il a reçue du mouvement et de sa désunion avec le lait, et se raffermisse à l'air ; on l'étend ensuite avec une

cuillère de bois et on renouvelle l'eau
fraîche , on pétrit et on repétrit le
beurre , on forme des pelotes plus
ou moins grosses , qu'on place dans
un lieu frais pour y acquérir de la consistance , et les diviser en poids d'une
livre, lorsqu'il s'agit de les vendre sur
les lieux , ou dans les marchés voi-
sins , et ensuite de quarante à cinquante livres, quand on a dessein de
les conserver et de les transporter au
loin.

Des différentes qualités de beurre.

On n'est pas dans l'usage de fabriquer partout du beurre de plusieurs qualités, cependant l'expérience
a fait voir que la chose était possible avec le même lait en séparant la
crème à mesure qu'elle s'élève.

C'est en automne que le lait fournit une plus grande quantité de crême,
que ce beurre réunit le plus de qualité, et que le tems qui succède à
cette saison, est ordinairement favora-
ble à sa conservation. Dans les tems
chauds, le beurre devient mollasse,
gras, huileux et se rancit beaucoup
plus promptement, toutes choses égales
d'ailleurs : il n'est donc pas étonnant
d'après cela que le beurre de regain,
le beurre du second pré d'automne,
le beurre de pergale, ne doivent réellement la réputation dont ils jouissent
qu'à la circonstance dont je parle.

Le beurre se trouve dans le commerce sous différens états qui déter-
minent aussi son arome, son usage
et son prix ; quelle que soit la source
d'où il provient, on l'appelle beurre

frais, beurre rance, beurre fondu et beurre salé.

Beurre frais.

Pour avoir une idée de la manière dont il est possible d'obtenir le bon beurre sur-le-champ, il suffit en été, de verser le lait non écrémé quelques heures après la traite dans des bouteilles et de le secouer vivement. Ces grumeaux qui se forment, jetés sur un tamis, lavés et rassemblés, offrent le beurre le plus fin et le plus délicat qu'on puisse se procurer. Mais cette manière de battre le beurre sans avoir préalablement levé la crème de dessus le lait, quoique généralement adoptée dans les cantons où l'on fait du beurre de choix, à Rennes, par exemple, et dans les environs, n'est

8

pas à beaucoup près le plus écono-
mique. L'expérience prouve même
que la crême étendue dans une trop
grande quantité de fluide ne fournit
jamais la totalité de beurre; qu'il faut
nécessairement le mettre à part et lui
imprimer immédiatement la percussion. Aussi est-ce le procédé le plus
généralement usité ; autrement il reste
dans le petit-lait une portion de crême
qui s'échappe à la butirisation ; d'ailleurs ce goût fin et délicat n'existe
déjà plus le lendemain, surtout s'il
fait chaud.

Un des moyens de conserver le
beurre long-tems frais, c'est d'abord
de le délaiter parfaitement, de le mettre ensuite sous l'eau fréquemment
renouvelée et de le soustraire à l'influence de la chaleur et de l'air, à
l'envelopper dans un linge mouillé.

Le froid est un autre agent propre à prolonger la bonne qualité du beurre ; cependant , comme parmi les corps gras, il n'en existe point qui garde plus facilement sa saveur agréable , et qui soit plus susceptible de contracter celle des autres substances au milieu desquelles il se trouve , il ne faut jamais être indifférent sur le choix des endroits où l'on se propose de tenir en réserve la provision du beurre frais ; il contracterait à la cave une saveur désagréable.

Ce n'est qu'en privant le beurre frais de toute l'humidité qu'il a retenue dans les différentes lotions , et surtout de la matière caséeuse avec laquelle cette huile concrète du lait a plus ou moins d'adhérence , qu'on peut le garantir pendant un certain

tems de l'état d'altération sous lequel je vais le considérer.

Du beurre rance.

On ne saurait douter que la rancidité du beurre ne soit dûe à la
présence de la matière caséeuse qu'il
retient toujours ; ce qui prouve com-
bien il est nécessaire de la séparer
exactement par les lotions, de ne se
servir que de vaisseaux parfaitement
nettoyés ; car il suffirait qu'ils eussent
conservé, dans leurs cavités ou interstices, les moindres mollécules de
crême ancienne, pour transmettre au
beurre ce goût désagréable qui ressemble à celui des autres huiles pré-
parées par le filtre végétal. Le mucil-
lage qui l'accompagne toujours, est
d'ailleurs comparable pour les pro-

priétés chimiques , à la substance
glutineuse du froment, qui , dans un
état humide et chaud contracte bientôt une odeur détestable.

Souvent le beurre est déjà rance
avant d'être soumis à la barate , parce que , suivant la mauvaise habitude
de beaucoup d'habitans de la cam-
pagne, on ne le bat que sept à huit
jours après la traite. En séjournant
trop long-tems dans la crême , il
contracte un goût fort , que la percussion , les lavages et les autres opérations subséquentes ne sauraient dé-
truire en totalité.

Comme c'est la portion de lait dis-
séminée dans le beurre qui consti-
tue son état rance , il faut avoir l'attention , ainsi que je l'ai recommandé ,
quand il est sorti de la barate , de le
malaxer partie par partie , et de le

8.

laver à plusieurs reprises jusqu'à ce
que l'eau en sorte claire et limpide.

Un moyen d'adoucir les crêmes qui,
par leur long séjour à la laiterie, ont
contracté un goût fort, est d'y ajouter au moment du battage plus ou
moins de lait de la traite du jour.
Ce procédé si facile à mettre partout
en pratique, parvient en effet à diminuer la rancidité.

Lorsque c'est le beurre au contraire
qui est devenu fort rance, il faut
porter l'action sur lui, en le faisant
fondre à diverses reprises à une chaleur douce avec ou sans addition d'eau,
et dès qu'on l'a malaxé après le re-
froidissement pour en extraire le
peu d'humidité qu'il aurait pu retenir,
on le remet dans des pots de grès ,
à l'abri du contact de l'air : souvent
lorsqu'il est fondu on y ajoute un

morceau de pain grillé qui agit alors
comme le charbon qui allume la
rancidité.

Dans l'état le plus rance, le beurre
est cependant estimé des vachers et
des pâtres, qui le consomment pendant leur séjour à la montagne.
Beaucoup d'habitans le préfèrent à
tout autre comme étant plus écono-
mique pour l'assaisonnement, mais
cela n'a rien de surprenant : n'avons-
nous pas des peuplades entières qui
boivent l'huile de poisson le plus
rance et en font même leurs délices?

Mais le beurre le mieux condition-
né placé dans un lieu frais à l'abri
de la chaleur et de la lumière, perd
insensiblement sa douceur naturelle
et acquiert une rancidité aussi désagréable au goût et à l'odorat que
préjudiciable à la santé. On ne sau-

rait donc, malgré toutes ces précau-
tions, le garder d'une saison à l'autre
et le transporter au loin en bon état,
si on ne se hâte de le fondre ou de
le saler.

Du beurre fondu.

Le beurre fondu paraît bien rarement dans les marchés et est plus
connu dans les cuisines. Ce sont les
femmes de ménage qui s'occupent
de cette préparation , au moment où
le beurre est moins cher et possède
le plus de qualité , c'est-à-dire, en
automne.

La première attention pour le fondre, c'est que le beurre soit récent et
que, mis dans un chaudron d'une gran-
deur proportionnée , il soit exposé à
un feu clair, égal , et modéré ; d'évi-

ter, autant qu'il est possible, le contact de la fumée, qui, en se combi-
nant avec le beurre dans l'état fluide
et chaud pourrait lui communiquer
une odeur et un goût désagréable; de
ne pas le perdre de vue dès qu'il
commence à fumer et de l'agiter
pour favoriser l'évaporation de l'humidité de la matière caséeuse inter-
posée dans le beurre. Bientôt une
portion de cette matière, dont l'adhérence et la salubrité sont détruites,
paraît à la surface comme une lame;
on l'enlève à mesure qu'elle se forme :
l'autre, pendant la liquéfaction, se
précipite au fond du vase, s'y at-
tache et présente cette substance connue vulgairement sous le nom de
gratin, que les enfans aiment de
passion.

Dès-que cette matière est formée,

il faut se hâter de diminuer le feu,
car elle se décomposerait et communi-
querait au beurre une mauvaise
qualité. C'est alors que brille la vigi-
lance active de la ménagère, qui sait
parer à tems à cet inconvénient, en
le sortant à l'instant où elle aperçoit
au fond du chaudron un cercle brun
tirant sur le noir. Mais la règle la
plus ordinaire pour juger que le beurre est parfaitement fondu, est que la
totalité ait une transparence comparable à celle de l'huile et que quand
on en jette quelques gouttes sur le
feu, il s'enflamme sans pétiller. On
achève d'écumer le beurre, et on ôte
le chaudron du feu ; on le laisse reposer un instant, puis on le verse
par cuillerées dans des pots bien
échaudés et séchés au feu qu'on recouvre ensuite après que le beurre
est entièrement refroidi.

Quoique le beurre n'ait point éprouvé de décomposition sensible, il ne ressemble pas tout-à-fait cependant au beurre frais : sa couleur, sa saveur, sa consistance sont pour ainsi dire altérées ; il est devenu transparent, grenu, pâle et analogue à de la graisse ; le feu lui a bien enlevé ce qui concourait à le faire promptement rancir ; mais il a agi en même tems sur le principe de la rancidité et de la couleur. C'est donc à la séparation de la matière caséeuse du beurre frais que sont dus les changemens qu'il éprouve dans l'opération qui le convertit en beurre fondu ; il se garde comme le beurre salé et peut remplacer l'huile dans les salades, l'axonge dans les fritures et le beurre frais dans les sauces blanches.

Il existe encore une autre méthode

de prolonger la conservation du beurre, qui mérite sans contredit la préférence, parce que loin de changer les qualités intrinsèques, elle y ajoute; c'est celle qui a pour objet d'y introduire du sel, dont le bas prix aujourd'hui n'est pas un obstacle à l'adoption de cette pratique salutaire.

Beurre salé.

On observe ordinairement deux saisons pour saler le beurre du commerce, l'une est le printems pour la provision d'été, l'automne pour celle d'hiver.

Le sel blanc et le sel gris, vieux ou nouveaux, purifiés ou non, secs ou humides présentent des différences notables dans leurs effets, quand il s'agit de saler le beurre. Dans certains pays, le sel blanc est réputé pour faire de mauvaises salaisons, quoique débarrassé de sels marins à base calcaire ou magnésie ; ailleurs c'est le sel gris qui a cette réputation ; je n'examinerai point ici jusqu'à quel point ces différentes assertions peuveut être fondées ; mais je crois que l'emploi de l'un et l'autre sel, pour la qualité du beurre, n'est pas une chose aussi indifférente qu'on le pense.

Dans la ci-devant Bretagne, ou emploie le sel marin purifié et blanchi par le procédé usité dans nos cuisines pour le beurre fin, et le gros sel gris pour le beurre d'approvisionnement. Pour l'incorporer au beurre on le fait sécher au four et ensuite on le concasse sans le réduire en poudre. La proportion de sel qu'on emploie dans cette opération est de-

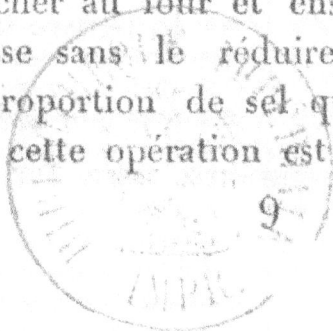

9

puis une once jusques à dix onces
par livre de beurre. Pour l'introduire
dans le beurre, on étend ce dernier
par couche qu'on pétrit par portion
jusqu'à ce qu'il soit bien incorporé,
ensuite on le distribue dans des pots
de grès propres et secs, de différentes formes, et contenant quarante à
cinquante livres; on foule le beurre
dans des pots; on les remplit jusqu'à
deux pouces du bord; on le laisse reposer sept à huit jours. Pendant ce
tems le beurre salé se détache des parois du pot, diminue de volume, et
laisse entre lui et le pot un intervalle
d'une ligne, dans lequel l'air pourrait s'introduire et ne manquerait
pas d'altérer le beurre si on le laissait
en cet état.

Pour prévenir cet accident, on fait
une saumure assez forte pour qu'un

œuf puisse y surnager ; cette saumure tirée au claire et refroidie, est
insensiblement versée sur le beurre salé jusqu'à ce qu'il en soit recouvert
d'un pouce. Mais on ne peut pas
maintenir pendant le voyage la saumure dans les interstices qu'elle occu-
pe ; il faut la remplacer et couvrir le
beurre d'un pouce de sel : ce moyen
réussit, lorsqu'il ne manque de saumure que pendant peu de tems.

Mais il n'en est pas de même du
beurre destiné pour la navigation :
on embarque difficilement une certaine quantité dans des pots, à cause
de leur fragilité et de ce qu'ils s'ar-
rangent mal dans la cale des navires;
delà est venu l'usage des vases en
bois. A la vérité ils s'imprègnent facilement d'une humidité qui leur fait
bientôt contracter un goût désagréable,

la saumure s'échappe à travers les
douves et bientôt le beurre finit par se
gâter. Il serait à désirer qu'on imaginât
des formes plus commodes pour ces
vases, ou qu'on les construisît avec
un bois qui eût moins d'influence sur
le beurre.

*Propriétés alimentaires et médicales du
beurre.*

Le beurre est un aliment très-sain,
nourrissant et qui convient à la plupart
des estomacs, même à ceux qui ne
peuvent pas supporter le lait. On lui
a attribué, ainsi qu'à presque tous
les corps gras, l'inconvénient de former beaucoup de bile, cette assertion
ne me paraît pas fondée : il y a des
pays où les habitans vivent principalement de beurre, et on ne re-

marque pas que les affections bilieu-
ses soient plus communes dans ces
contrées qu'ailleurs ; on voit aussi
beaucoup de personnes d'un tempé-
rament bilieux manger habituellement
une certaine quantité de cet aliment
sans jamais en être incommodées. Il
est donc probable que le beurre n'augmente pas les proportions de la bile ,
mais qu'il exige seulement la présence
de ce fluide liquide , afin d'être suffisamment élaboré dans le canal diges-
tif ; c'est sous ce rapport souvent qu'il
ne convient pas dans les maladies du
foie , où la sécrétion de la bile est
suspendue ou diminuée , parce qu'alors
il devient réellement indigeste ; il ne
convient pas également chez les con-
valescens et chez les enfans disposés
aux engorgemens lymphatiques ; il
contribuerait encore à diminuer chez

9.

eux l'action du canal intestinal, déjà trop affaibli, et pourrait donner lieu à des diarrhées : il est nuisible aussi à ceux qui sont disposés au pyrocis.

Comme médicament , le beurre frais est très-utile : il est particulière-ment émollient et résolutif : il convient dans les altérations suscepti-bles de la peau, pour faciliter une suppuration modérée et nécessaire à la cicatrice ; il est employé avec avantage dans les crévasses et les gerçures. Blenk conseille les applications du beurre fondu mélangé avec de la biere dans les engorgemens laiteux des mamelles.

FIN.

QUATRIÈME PARTIE.

Noms et demeures des marchands chez lesquels on trouve les différentes espèces de fromages mentionnées dans cet ouvrage.

Chez MM. Belard, rue des fossés
    Saint-Germain l'Auxerrois,   17
— Broye, Ste. Croix de la Bré-
    tonnerie   44
— Barrier, rue Neuve St.-Marc,   6
— Cateau, rue de la Canonnière.   23
— Deladame, rue St.-Germain
    l'Auxerrois..........   45
— Glaudou, rue Montmartre.   40
— Javel, rue St.-Back.........   9
— Marie, rue St.-Landry.....
— Mandelert, rue des Pêcheurs.   8

TABLE

ANALYTIQUE

DES MATIÈRES CONTENUES DANS CET OUVRAGE.

PREMIÈRE PARTIE.

DEUXIÈME PARTIE.

TROISIÈME PARTIE

QUATRIÈME PARTIE.

www.ingramcontent.com/pod-product-compliance
Lightning Source LLC
Chambersburg PA
CBHW071502200326
41519CB00019B/5842